知識繪本館

科學不思議 點亮螢火蟲之光

文｜福岡伸一
圖｜五十嵐大介
譯｜蘇懿禎
審訂｜鄭明倫（國立臺灣自然科學博物館生物學組副研究員兼組主任）

責任編輯｜詹嬿馨
美術設計｜李潔
行銷企劃｜李佳樺、王予農

天下雜誌群創辦人｜殷允芃
董事長兼執行長｜何琦瑜
媒體暨產品事業群
總經理｜游玉雪　副總經理｜林彥傑
總編輯｜林欣靜
主　編｜楊琇珊
版權主任｜何晨瑋、黃微真

出版者｜親子天下股份有限公司
地址｜台北市 104 建國北路一段 96 號 4 樓
電話｜（02）2509-2800　傳真｜（02）2509-2462
網址｜www.parenting.com.tw
讀者服務專線｜（02）2662-0332　週一～週五：09:00~17:30
傳真｜（02）2662-6048　客服信箱｜parenting@cw.com.tw
法律顧問｜台英國際商務法律事務所‧羅明通律師
製版印刷｜中原造像股份有限公司
總經銷｜大和圖書有限公司　電話：（02）8990-2588

出版日期｜2024 年 04 月第一版第一次印行
定價｜320 元
書號｜BKKKC265P
ISBN｜978-626-305-770-8（精裝）

訂購服務
親子天下 Shopping｜shopping.parenting.com.tw
海外‧大量訂購｜parenting@service.cw.com.tw
書香花園｜台北市建國北路二段 6 巷 11 號　電話（02）2506-1635
劃撥帳號｜50331356　親子天下股份有限公司

國家圖書館出版品預行編目資料

點亮螢火蟲之光/福岡伸一文；五十嵐大介圖；蘇
　懿禎譯.-- 第一版.-- 臺北市：親子天下股份有
　限公司, 2024.04；40 面；19.1×25 公分.--（知識
　繪本館)(科學不思議)部分內容國語注音
　ISBN 978-626-305-770-8（精裝）
　1.CST: 螢火蟲 2.CST: 繪本

387.785　　　　　　　　　　　113003086

立即購買 >

點亮螢火蟲之光

文／福岡伸一　圖／五十嵐大介

譯／蘇懿禎　審訂／鄭明倫

有一條流速緩慢、螢火蟲棲息的小河。

有個女孩來到小河邊，
往河裡瞧。

什麼都沒
有呀？

想要找到生物，就停下腳步，保持不動，試著觀察看看吧！

啊，有東西在動！

6

好ㄏㄠˇ，我ㄨㄛˇ們ㄇㄣ˙抓ㄓㄨㄚ來ㄌㄞˊ
看ㄎㄢˋ看ㄎㄢˋ！

網ㄨㄤˇ子ㄗ˙要ㄧㄠˋ從ㄘㄨㄥˊ後ㄏㄡˋ面ㄇㄧㄢˋ
悄ㄑㄧㄠˇ悄ㄑㄧㄠˇ接ㄐㄧㄝ近ㄐㄧㄣˋ……

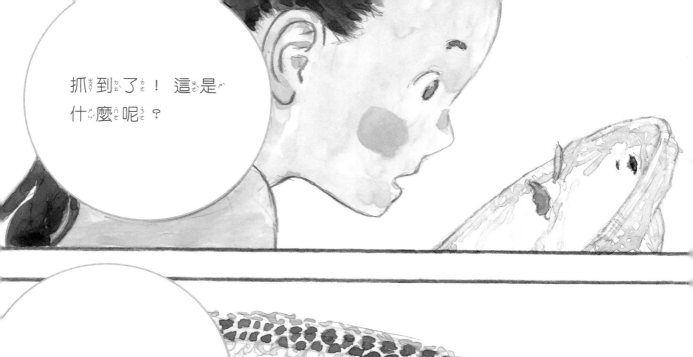

抓到了！這是什麼呢？

哇！長得好像怪獸！

這是螢火蟲的幼蟲。我想應該是平家螢*。

螢火蟲？

＊日本常見的螢火蟲有源氏螢與平家螢，源氏螢的幼蟲生息在清澈的流水中；而平家螢的幼蟲則生息在水田等靜水中。

我想把牠帶回家養，看看螢火蟲發光的樣子。

但是，螢火蟲的幼蟲吃什麼呢？

你再仔細看看水裡。

9

啊ㄚ，螢ㄧㄥ火ㄏㄨㄛˇ蟲ㄔㄨㄥˊ的ㄉㄜ
幼ㄧㄡˋ蟲ㄔㄨㄥˊ把ㄅㄚˇ頭ㄊㄡˊ鑽ㄗㄨㄢ進ㄐㄧㄣˋ
小ㄒㄧㄠˇ螺ㄌㄨㄛˊ裡ㄌㄧˇ！

牠ㄊㄚ在ㄗㄞˋ吃ㄔ螺ㄌㄨㄛˊ肉ㄖㄡˋ。
原ㄩㄢˊ來ㄌㄞˊ螢ㄧㄥ火ㄏㄨㄛˇ蟲ㄔㄨㄥˊ是ㄕˋ
肉ㄖㄡˋ食ㄕˊ性ㄒㄧㄥˋ的ㄉㄜ呀ㄧㄚ。

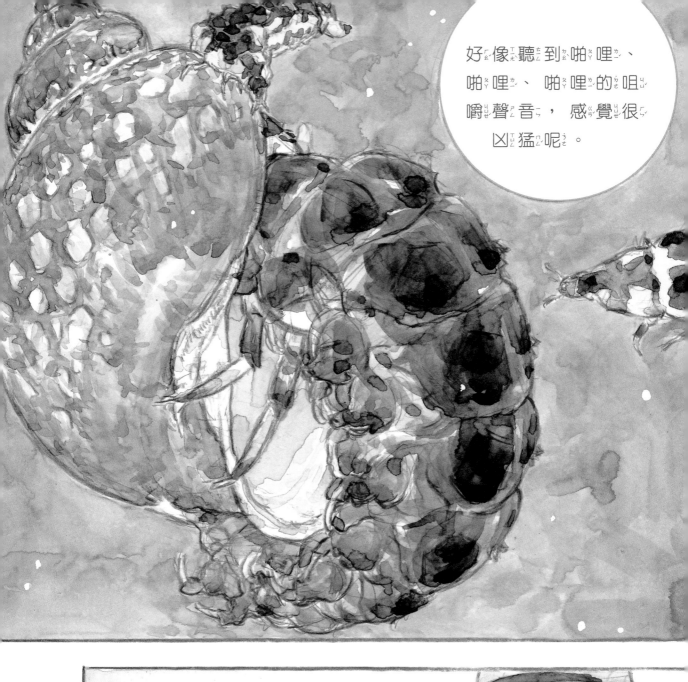

好像聽到啪哩、啪哩、啪哩的咀嚼聲音，感覺很凶猛呢。

不是喔，牠是從口中分泌出消化液，一邊溶解一邊進食。

11

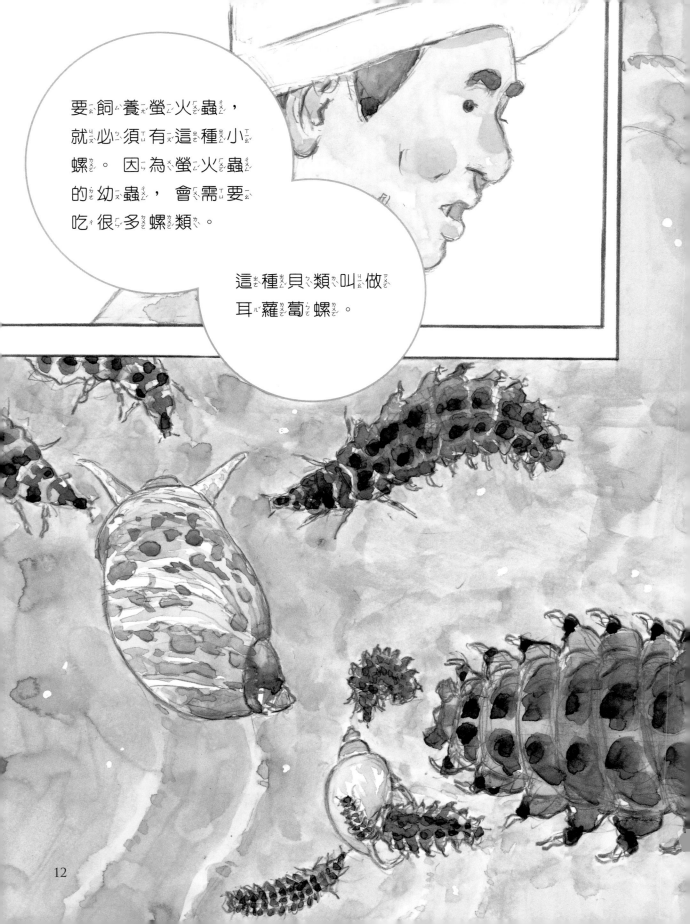

要飼養螢火蟲，就必須有這種小螺。因為螢火蟲的幼蟲，會需要吃很多螺類。

這種貝類叫做耳蘿蔔螺。

12

小型幼蟲吃小耳蘿蔔螺；中型幼蟲吃中耳蘿蔔螺；大型幼蟲吃大耳蘿蔔螺⋯⋯

在變成成蟲之前，牠們會不分晝夜，一直進食喔。

那_{ㄋㄚˋ}我_{ㄨㄛˇ}們_{ㄇㄣˊ}把_{ㄅㄚˇ}耳_{ㄦˇ}蘿_{ㄌㄨㄛˊ}蔔_{ㄅㄛˊ}螺_{ㄌㄨㄛˊ}一_{ㄧˋ}起_{ㄑㄧˇ}帶_{ㄉㄞˋ}回_{ㄏㄨㄟˊ}家_{ㄐㄧㄚ}養_{ㄧㄤˇ}吧_{ㄅㄚ}。

但是，你知道耳蘿蔔螺吃什麼嗎？牠吃的是生長在河川石頭上的藻類喔。

那把石頭一起帶回去就好了吧？

16

藻類能在石頭上生長，仰賴於河川裡的生物帶來的養分，

以及河水流動時帶來的氧氣。

當然，最重要的是陽光。

因為藻類是植物，需要行光合作用。

所以，想飼養螢火蟲的話，

必須把貝類、石頭、藻類、流水、陽光全部都帶回去才行啊。

19

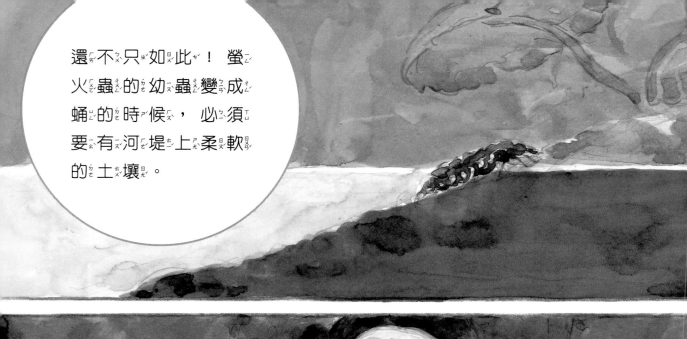

還不只如此！螢火蟲的幼蟲變成蛹的時候，必須要有河堤上柔軟的土壤。

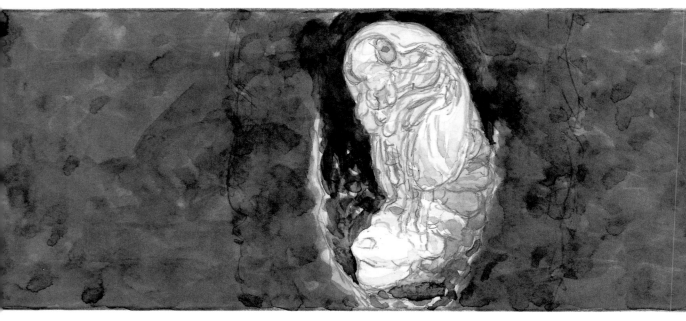

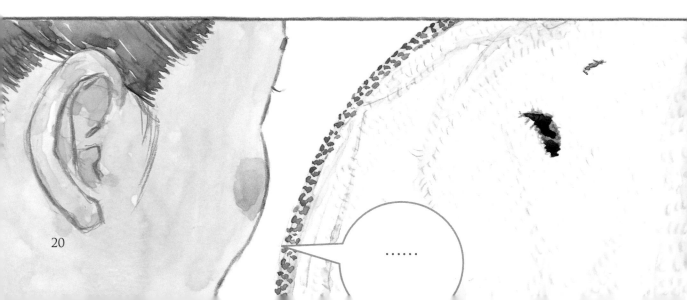

......

21

隨著時光流逝， 女孩升上了高中。 那一條
有螢火蟲的小河堤， 則變成了水泥護欄。

後來， 女孩成為大人， 小河變成了綠道*。
陽光照射不到綠道底下的暗溝， 在黑暗中， 藻類無法生長， 也無法養育螺類。 沒有河堤柔軟的土壤孕育， 螢火蟲也消失了。

　*綠道：Greenway 指的是與人為開發的景觀相交叉的一種自然走廊。

螢火蟲要在這裡生存，幾乎是不可能了。但是停下腳步，睜大眼睛，仔細傾聽。

你就會發現，在水泥覆蓋的都市下方，現在依然隱藏著大自然的力量。被人類截斷的自然，會再次自己連結起來。

螢火蟲不會再回來了嗎？

若，你看那裡。

或是那裡。

　　儘管是鋪上磚塊或柏油的地方，只要有一點縫隙，都會有生命在此孕育而生。雜草撐開裂縫，樹根抬起了人行道，這些是無法阻止的力量，也是將失去的東西歸位的自然復原力。

生命間有不斷互相連結的力量。植物吸收日光和二氧化碳，製造生物生存必須的有機物質。這些有機物成為其他生物的生命源頭。蟲吃葉子，鳥或魚吃了蟲，小動物則抓鳥或魚。

就算是吃與被吃的關係，生物彼此之間也有連結，連結的網絡維持著生命與環境。只要彼此之間互相連結，地球上就有無數的生物得以生存。

29

水也有復原自然的力量。 就算是被封閉在地下的流水， 用水泥固定的河堤， 被堵塞的水， 被掩埋的池塘或海， 都無法使水流永久停滯。 水流會一點一滴侵蝕四周， 被堵塞的水會溢出， 結冰的水會隆起柏油路， 地下水會湧至地面， 海也會再次削去海埔新生地， 使它再次沉入海裡。

　　不管在什麼地方，水都會往外湧出，奔向自由。掙脫屏障的水會吸收光線，水中的植物照光之後開始產生有機物質，幫助其他生物的生存。換句話說，就是復原彼此之間的連結。不管人類做什麼，街道都會再次被自然覆蓋。

最後，暗溝崩塌，小河又恢復了流動。水流讓植物生長。落葉和動物排泄物被微生物分解，成為土壤。土壤是由植物、動物、微生物之間的小小合作不斷累積而成。土壤是有生命的，土壤裡蘊含養分，成為培育更多不同生命的搖籃。如此一來，就能再次形成讓螢火蟲幼蟲成長的土壤斜面。

33

　　不論是什麼生物， 都無法脫離與其他生物的連結單獨存活。 曾經生活在小河裡的生物會再次回到這裡， 連結使這裡恢復成原本的模樣。 生物彼此之間， 不斷互相幫助取得平衡時， 螢火蟲就能再次在這裡， 跨越無數世代， 閃爍著生命之光。

然而，一旦人類破壞了大自然的連結，要想恢復這種連結將會需要極長的時間。破壞只需一瞬間，但重建卻得花費漫長的時間。那條曾經有螢火蟲的小河，如果只依賴大自然的力量，期待在未來的某一天恢復，恐怕在你我有生之年，都難以親眼看到。

大自然試圖重新連結的力量，以及大自然恢復平衡所需的時間，遠遠超過我們每個人存在的時間，而且相當緩慢。這正是大自然的本質。

我們人類誕生於地球僅僅20萬年前，而螢火蟲誕生則遠在１億年前。歷經無法想像的漫長時間裡，螢火蟲一直在維持生命的連結。螢火蟲的光芒，就像是生物相互連結的美麗證明。過去它們一直相互連結，將來也將繼續相互連結。光的閃爍從未中斷過，而我們的生命也是這個連結中的一環。

不思議日報

生物的奧祕

文／福岡伸一

Illustration © Daisuke Igarashi 2022

每到初夏，我就會回想起在京都的學生時代。某天晚上，回家途中，一片漆黑的道路盡頭，突然有一條淡綠色的光芒飛過。我驚呼之餘，停下腳步仔細凝視。四面八方，都有數個微弱的光芒不斷明滅，飛舞交錯。是螢火蟲。在東京成長的我，在這之前從沒看過真的螢火蟲光芒，因此激動不已，並為之著迷好一陣子。

螢火蟲對人們來說，是很熟悉的存在，那股幽光也成為詩歌的題材。例如，創作於日本平安時代*的古今和歌集中，就有關於螢火蟲的歌：日落西山，我的思念比螢火蟲更加熾烈，那個人如此冷淡，是否看不見光。一想到此刻的我，正和約1000年前的人們一樣看見螢火蟲，光是想到這裡就覺得相當不可思議。

這是一首關於戀愛的歌。將螢火蟲的光芒，與自己愛戀的心情合而為一。實際上，螢火蟲發光也是一種求偶行為，當雄性靠近雌性時，會發出光芒示愛，雌性也會發光回應表示接受。

然而，我只在這一年看到螢火蟲。隔年，甚至隔年的隔年，都在黃昏時尋找螢火蟲之光，卻都失望而歸。那裡曾經有一條小溪流過，或許是因為環境變化導致。之後，因為搬家，對於那裡的改變不得而知。因都市化而逐漸消失的螢火蟲短暫無常、平家螢小小的身體與閃爍的淡光、被追擊的戰敗平家一族，三種影像重疊在一起，因此本書選擇介紹了平家螢。

透過這本書想傳達的是，螢火蟲能夠棲息之地，不僅是螢火蟲本身，還必須與其他的生物及環境條件間達成微妙的平衡。動態平衡指的是在不斷的變化中維持的平衡，這是生命本身的運作方式。螢火蟲的淡淡光芒，就是拚命與自然維持動態平衡的證據。

人類出現在地球上的時間遠比螢火蟲還短，但人類卻以旁若無人之姿進行都市化，增加環境的負擔。螢火蟲的消失，正顯示出人類的蠻橫。但是，動態平衡也有強韌的恢復力，具備復原連結的力量，這股力量稱為「韌性」（resilience）。本書後半以稍微長遠的觀點，來思考一度失去動態平衡的環境如何復原。

作者簡介

福岡伸一

1959年出生於東京，生物學者，畢業於京都大學。青山學院大學教授，美國紐約洛克斐勒大學客座研究者。著作有《生物與無生物之間》（講談社），《動態平衡》系列（小學館）、《流浪生活的方法》（文藝春秋）等多數。最新作品有《河川的流動為動態平衡》、冒險小說《新杜立德醫生》（朝日新聞出版）等。是畫家漢斯·貝爾默的超級粉絲，著作有《貝爾默 光之王國》等。

＊平安時代：西元794年～1185年，是日本古代向中世轉變的過渡期。

導讀
陽光、暗溝與螢火蟲

文／鄭明倫

（國立臺灣自然科學博物館生物學組副研究員兼組主任）

Illustration ©
Daisuke Igarashi
2022

夜裡悠遊發光的螢火蟲總給人浪漫的感覺。但倘若螢光飛舞是出現在闃黑的水泥暗溝裡呢？是否讓人不寒而慄？同樣是螢火蟲和黑暗，何以給人天差地別的感覺？

答案就在書中喔！螢火蟲的生存成長需要陽光、土壤、植物等環境，將這一切隔絕在外的暗溝自然長不出螢火蟲。由於這個極端的假想與「正常」脫節，因此讓螢火蟲給人「異常」的感受。那麼把暗溝換成公園，算是「正常」的場景嗎？這是個好問題。

本書用女孩的成長經驗，將這些看似無關的東西串聯在一起，轉化成讓人省思的故事，這個看似尋常卻深刻的敘事是我很欣賞本書的原因之一。故事中，人們在公園散步，很少人會意識到腳下的步道其實是以螢火蟲和其他生物失去

家園的代價換來的。若能認知到這點，這一切就不再只是單純的情懷感受，而是在真實世界中必須取捨的價值選擇。可惜我們的教育教了很多沒有情境的知識，多半只用來競爭，未能轉為解決實際問題的技能，或內化成生活態度的風格。簡單說，並沒有變成素養。

好比書中講到生物不能獨活的生態學概念人盡皆知，但現實是：我們切斷了自然界中無數的連結，把環境大規模改造成「只有自己喜歡」的模樣。例如山上整齊的人工林、公園的漂亮草皮花圃、城市五彩絢爛的人工河道，沒有蚊蟲的高級露營區等，卻很少有人會稱讚住家附近有荒地或野溪好棒棒，泥土路好自然。

其實人類營造的整齊的類自然環境，對大多數生物來說都「不正常」，不但適合生存還需要投入許多人力物力來維持現況。反觀看似凌亂缺乏管理的自然環境才是真正的「正常」，依靠各種連結維持動態平衡，不須太多管理便能保有複

雜的多樣性。這正是書中提到的「韌性」，也就是所謂環境恢復力的基礎。

雖然這一系列繪本的主題是「科學不思議」，但面對環境議題並不能只靠科學，更需要智慧與勇氣。智慧即價值觀，勇氣則是韌性。這也是希望跟各位爸媽與小朋友共勉的。如果你真心喜歡螢火蟲，想讓牠們可以持續生活在「正常」的環境裡，你願意為牠們付出什麼呢？

要覺知什麼是「不只有人類喜歡」的環境，不是教科書或課堂能「教會」的，需要在里山里海或夠好的半自然環境住過才能刻入腦海。所以小朋友能接觸自然很重要，成長過程中若缺失這些經驗，可能一輩子也發展不出足夠的素養來看待與對待自然，長大當然也就覺得人工環境中點綴一點點自然元素就叫做「自然」，對身邊沒什麼原生生物而只有寵物習以為常，自然也不會有什麼感情依戀，斷了與自然的連結。

繪者簡介
五十嵐大介

1969 年出生。漫畫家。1993 年於《月刊 Afternoon》（講談社）獲得四季大獎並出道。主要漫畫作品有《魔女》榮獲文化廳媒體藝術祭漫畫部門優秀獎，《海獸之子》獲得第 38 回日本漫畫家協會獎優秀獎、小森食光等。也在《許多的不可思議》月刊繪本系列中，擔任《和馬一起生活》（澄川嘉彥 · 文 / 通卷 416 號）這本的插圖。